观察周围来学习

形状原来如此有趣

著 [捷克]伦卡·奇蒂洛娃　　**绘** [英]加里·博勒　　**译** 蔡江平

江苏凤凰科学技术出版社·南京

身边处处有形状。

为什么形状无处不在？

你身边都有哪些形？

它们有什么含义？

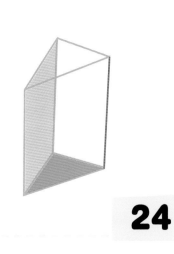

什么是形状

环顾四周，很多东西都是由熟悉的形状构成的，如长方形、正方形、圆形和三角形等。与形状有关的学科称为几何学。你能发现形状无处不在，而且有各种组合。形状的特点使其在很多场合能发挥作用，没有形状，很多事情无法正常运转。

先来看看几种常见的形状。

交通标志是三角形的。

披萨是圆形的。

练习册是长方形的。

国际象棋棋盘是正方形的（每个小格也是正方形的）。

说到**形状**，一般指平面中简单物体的形状，也就是可以在纸上轻松画出的平面物体。

它有两个维度：宽度和长度。

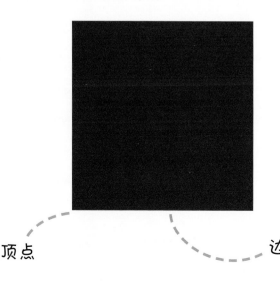

顶点　　　　　　　　　　边

每种形状通常都由**边**组成，边的数量是区分具体形状的重要标准。边相交的位置称为**顶点**。

为什么有的形状比较特殊呢？回答这个问题之前，先要了解"边"的两个重要特性——**平行**和**垂直**。

垂直的边相交时构成直角。 生活中有很多例子，比如衣橱的边与房间地板垂直。类似地，大多数树在生长过程中都与地面垂直，朝着太阳向上生长。

平行的边永远不会相交。 即使把它们无限延长，平行的边也是永远不会相交的。

你能找到这个房间里平行的边和垂直的边吗？

再来看看一些基本形状和它们的特点。

正方形 的四条边长度相等，相对的两条边平行，相邻的两条边垂直，对角线也相互垂直。

圆形 只有一条边。因为圆上的每一点都是顶点，所以圆包含无数个顶点。是不是很神奇？

三角形 有三条边，因此有三个顶点。三角形每条边的长度可能不同，其中的两条边可构成直角。

长方形 与正方形不同，它相邻的两条边长度不同。此外，长方形的两条对角线并不垂直。

几何学知识讲得差不多啦，现在看看你的周围，找找各种形状吧！

我们制作了一个
长方形牌子：
反对在披萨上放菠萝！

形状
促进沟通

当人与人之间语言不通的时候，形状可以帮助人们更简洁明了地表达自己。多亏了长方形的邮票和圆形的邮戳，人们才能很快收到期待已久的明信片；也多亏了冰箱上的便利贴，提示人们要买哪些东西。

每个带形状的旗帜都
代表一个字母。

圆形和三角形的交通标志表示：学校附近的汽车行驶速度不能超过每小时30千米。

汤姆找不到紧急出口了！幸亏他注意到了这个长方形标志！

发信息时的表情符号能表达情绪。看到这些表情符号时你就可以想象到朋友的表情是什么样的。

只需要把一张长方形邮票贴到信上，信就可以顺利寄到奶奶手上了！

布兰卡·凯撒
瓦拉什克凯克洛博乌基
克列科夫456号
邮编 76601

维克托,
现在要上什么课?
数学还是体育?
为什么不看看公告栏上
贴出的课程表呢?

	周一	周二	周三	周四	周五
第一节	数学	英语	科学	语文	数学
第二节	体育	数学	英语	美术	语文
		数学	音乐	语文	英语	美术
第四节	语文	体育	数学	音乐	科学

形状创建
规则与秩序

形状帮助人们看懂课程表、说明书,认清方向以及认识钱币。形状还能创建规则,规范秩序,避免混乱。有些规则很灵活,比如可以把闹钟关掉多睡一会儿;但有些则很严格,比如交通标志,任何时候人们都应该遵守交通规则,而不是把无知当作借口!

司机只要看到
长方形的斑马线,
就应该停下来
等待行人安全穿过马路。

现在可以走啦!
交通信号灯上的
圆形绿灯亮了!

根据车站长方形
显示屏上的信息，
火车将在15分钟内到达，
我们终于能回家啦！

圆形的闹钟响了，
该起床去上学了！

伯特想知道
要喝多少止咳糖浆，
但他怎么才能在那张长方形
说明书中找到答案呢？

安娜用长方形纸币付款，
找给她的是一些
圆形硬币。

乔治把柠檬切成完美的圆片，
用来制作柠檬汁。
小心不要切到手哦！

炉子上的圆形灶孔
跟平底锅锅底一样圆。
今天晚餐吃什么呢？

家里
的形状

家里随处可见的形状：面包片、奶酪、黄瓜片或盘子等，都有自己的形状。浴室里有哪些形状呢？洗手池上方的长方形镜子用来梳妆打扮，让人们每天都容光焕发！

没人能像我奶奶那样，
用钩针编织方格，做出
这么精美的毯子！

妈妈准备了三角形
的三明治，
让孩子们带去学校吃。
汤米，不要全拿走！

萨米正在刮胡子，
他从长方形镜子里左瞧瞧、右瞧瞧，
保证不放过任何一根胡须。

我的表姐正在用
很多工具化妆！
有圆形的粉饼盒、
长方形的眼影盒，
还有一大堆粉扑。
这对我来说太难了！

形状
作符号

有些形状具有特定含义，已成为国际公认的符号，人们可以使用此类形状代替语言。国旗就是一个典型的例子，看看体育场中粉丝挥舞的国旗就能知道他们支持哪国运动员。此外，形状也可以表示生活中重要的价值观，比如，新郎和新娘在婚礼上交换的圆形戒指就是对彼此忠诚的象征。

正如饼状图所示，
百分之十五的观众观看了最新一集。
从柱状图中可以看出该剧
热度在不断上升。

新郎和新娘正在交换象征着
忠诚的圆形戒指。

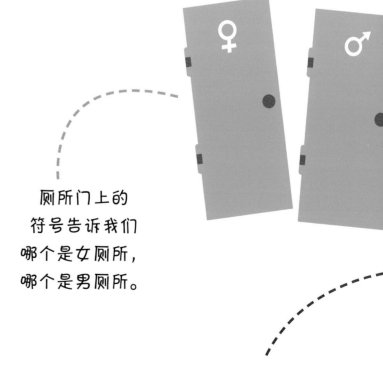

厕所门上的
符号告诉我们
哪个是女厕所，
哪个是男厕所。

来自全世界的粉丝聚集在体育场，挥舞着国旗，
为自己最喜欢的运动员加油。

三角形的箭头表示可回收。
桶中的垃圾将会被回收利用，
制作成新产品。

哈里正在笔记本上画表示和平的符号。
他可能还不知道这个带有
四条线的圆形图案最初是反核运动的标志。

其他平面形状

形状不止包括正方形、长方形、三角形和圆形，将这些基本形状组合起来或进行变化，也可以变成其他形状。

你还认识哪些平面形状？

梯形是一个四边形。其中两条相对的边是平行的，但长度不同。

星形也是一个多边形，如左图所示的五角星。

六边形有六条边。如果所有边都相等，就构成了像蜂巢和蜘蛛网一样规则的六边形。

菱形所有的边长度相等。相对的两条边平行，两条对角线相互垂直。但跟正方形不同，菱形两条对角线的长度不同。此外，菱形相邻的两条边并不相互垂直。

椭圆形跟圆形类似，既无边又无角，它的轮廓由无数个顶点构成。那椭圆形和圆形有什么区别呢？圆形的所有顶点与圆心之间的距离是相等的，但椭圆形不是，它的形状更像鸡蛋。

14

轴对称

有些几何图形具有沿一条或多条**轴**形成**对称**。在实际生活中这意味着什么呢？想象一下，你用纸剪出了一个形状。当你从中间将其沿轴折叠时，它就分成了两个完全相同的部分，所有点都能完美重合。

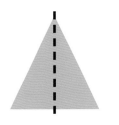

有些形状，如**等腰三角形**，只有一条对称轴。

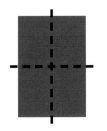

一些形状有两条对称轴，如**长方形**或菱形。

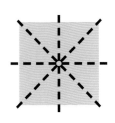

正方形有四条对称轴。

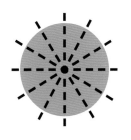

圆形有点特殊，它有无数条对称轴。

日常生活中，对称随处可见。

也可以抛开几何学说说形状。侦探可以通过鞋印抓住犯罪嫌疑人；锁匠可以按照钥匙的形状制作备用钥匙。简而言之，身边处处有形状。想一想，你还可以在哪里找到更多形状？

下面一起来看看这些形状在生活中的应用吧。

形状能
指路

沿着箭头走，路牌显示我们走的方向是对的。

服务台 300 米
市中心 500 米
寺庙 800 米
矿井 200 米
卫生间 20 米

无论离得远或近，形状都很容易辨认，因此当人们想快点找到正确的路线或确认自己的位置时，形状可以帮上大忙。交通标志上的形状具有特定含义，你知道哪个形状表示"小心"，哪个形状表示"禁止"吗？

太好了！爷爷把指南针带过来了，没有这个圆形指南针，我们会迷路的。

每张地图都有图例，
它会告诉人们每个形状
代表的含义，
方便人们从地图中找到
正确路线。

山川
河流
铁路
公路
停车场
十字路口
警告牌
电话亭
城堡
简餐
藏宝地

快看！绿色十字图标！
这家药房肯定有感冒药。

我们能快速从地图上认出意大利，
它看起来就像一只靴子！

禁止标志到底是圆形
还是三角形，
这个问题总是让
罗布很头疼。

营业中

自然界
中的形状

蜜蜂是大自然
优秀的建筑师。
它们不仅勤劳能干，
甚至还懂几何学——
它们的蜂巢
由六边形组成。

形状不是人类的独创，实际上，许多形状都源于自然界，人类只是观察、学习和模仿它们。由一模一样的六边形组成的蜂巢就是典型代表之一，甚至可以称得上是建筑杰作！这么规整的形状人类是很难徒手画出来的，大自然是怎么做到的呢？

哇，快看！
潜水员发现了
一只漂亮的海星。
大自然真是神奇！

有只蜘蛛在客厅
织了一个八边形蜘蛛网。
嘿，小蜘蛛，
你真厉害！

美丽的雪花
是规则的多边形，
而且每片雪花的形状都不一样。
玩雪真是太有趣了！

七星瓢虫很好认，
它有一个红色的外壳和七个圆点。
一见到它，你就能认出来。

托马斯正在学习如何通过树叶的
形状辨认不同种类的树。

如果没有合适的
六边形螺母，
螺栓就起不了作用。

形状
帮大忙

形状对人们非常重要。形状可以提供保护或便于人们寻求援助，特定形状的东西还可以拯救生命：圆形药片好吞咽，帮助人们康复；三角警示牌可以预防交通事故；圆形救生圈可以救人……

你好，我的车在上班路上抛锚了！
我已经放置了三角警示牌。
请快来帮我！

别担心，
吃了这颗圆形药丸，
你很快就会康复的。

如果找不到和钥匙孔
匹配的钥匙，
就进不了家门。

停

哈里已经学会了如何扣扣子。
虽然有时候扣这些圆形扣子
有点麻烦，
但总比感冒要好！

老师用停车标志牌
让来往车辆停下来，
这样孩子们就能安全过马路了。

快抓住救生圈！
幸亏我恰好经过，
要不然你可能就溺水了！

形状
装饰生活

圆点、条纹和针织图案等都是由常见的基础形状构成的。因为它们看起来既规则又好看，所以人们经常拿它们作为装饰。众所周知，不同的文化拥有不同的传统服饰图案或装饰图案。

传统苏格兰
方格裙的图案
由大量正方形和
长方形组成，
既简洁又美观！

按照圣诞节的传统，
这天坎贝尔一家都穿着
有几何图案的喜庆的毛衣。

准备好蛋糕和蜡烛，
在房间里挂上三角形的彩带，
是时候把寿星叫过来了！

乔安娜很喜欢圆点，
她想要所有衣服上
都有圆点。

奶奶的盒子里装满了
形状各异的首饰，
每副耳环和每枚戒指
都有自己的故事。

长方形相框中的照片
让我们想起所有
爱着的人。

立体形状

前面所介绍的主要是平面形状，但生活中的形状不仅仅只有长和宽两个维度，还有高度。人们可以触摸、抛掷、堆叠这些形状，也可以用胶水把它们粘在一起，或用木头刻出这些形状。

此外，人们采用长、宽和高区分空间中的形状，因为这些物体都有**三个维度**，所以被叫作立体物体或者三维（3D）物体。

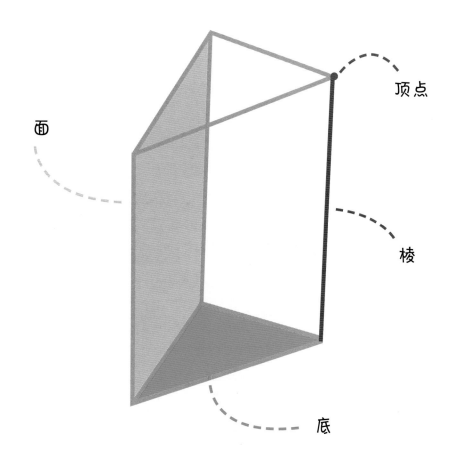

顶点

面

棱

底

跟平面形状一样，立体形状也有**顶点**，也就是三条棱相交的点。**棱**是两个面相交的地方。

什么是**面**？面指的是三维形状的平面形状，如果三维形状为直棱柱，那么侧面就是长方形。

那底下的那个三角形的面呢？其实这个面是棱柱体的**底面**，它的形状与其他侧面不同。

来了解一些基础立体形状的名称！

长方体

长方体是一种棱柱体，它的两个底面彼此相对，由平行的棱连接起来。它的底面是长方形，各个侧面也是长方形。相对的两个面是一模一样的。

牛奶盒就是典型的长方体。

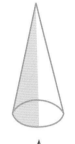

圆锥体

圆锥体与锥体类似，但圆锥体的底面是圆形。如果自上而下把圆锥体切成两半，每一半露出的平面是三角形。

马路上的路锥就是典型的圆锥体。

正方体

正方体实际上是一种特殊的长方体，它所有的棱长度都相等。因此，正方体所有的面也都是正方形。

魔方就是典型的正方体。

圆柱体

圆柱体的底面大多数是圆形。中间的部分由平行的线连接在一起，有点像长方体。把圆柱体切成两半，露出的平面为长方形。

卷纸就是典型的圆柱体。

锥体

锥体的底面可以是任何多边形，至少是一个三角形。但锥体与棱柱体的不同之处在于，锥体只有一个底，而且各个面都交于一点，即顶点。因此，锥体的各个侧面为三角形。

埃及金字塔就是因为这个形状而得名。

球体

球体是既无边又无顶点的立体形状，而且只有一个面。球体表面的所有点到球心的距离都相等。

足球就是典型的球体。

现在抛开理论，再观察一下周围的世界吧！
看看你能否找到接下来几页的所有三维形状。

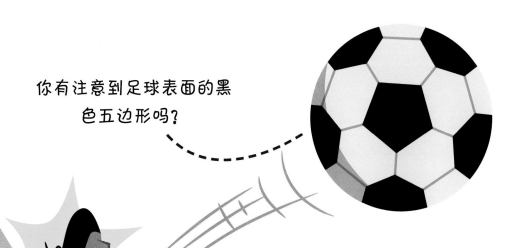

你有注意到足球表面的黑色五边形吗？

形状
让游戏更有趣

形状在游戏和玩具中必不可少，没有形状，人们就不能享受球类游戏和棋盘游戏的乐趣。纸牌上的符号很重要，能帮助玩家理解游戏规则，所有球类运动也一样离不开形状。总之，你能从形状中获得很多乐趣。

我爷爷喜欢打牌。无论是红桃、黑桃、方块还是梅花，他都能打一手好牌。

我好期待秋天去放风筝，相信我的风筝能飞得最高。

还好找到骰子了！
要不然还不知道要走几步呢！

积木要倒了！
伊迪丝赢定了！

每个格子
只能按照正确的顺序跳一次。
跳房子的规则很简单，
但跳的时候你会大汗淋漓！

音乐中
的形状

各种形状的乐器不仅可以发出美妙的声音，还能演奏出人们喜欢的乐曲。形状在音乐中不可或缺：作曲家先在长方形的纸上写下音符，然后用各种形状的乐器演奏出来之后；人们可以把音乐保存在圆形光盘或唱片中，还可以通过长方体音响享受音乐。

这是一把
三角形吉他吗？
不，它是俄罗斯三角琴！

约翰，
按照谱子吹！
你不知道音符的形状
决定音的长短吗？

我想象不出来
没有铃鼓的
地中海音乐
是什么样的。

朱莉在这首歌中
负责敲打三角铁，
她能保持节奏。

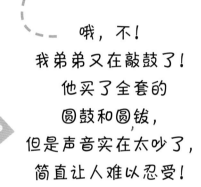

黑胶唱片现在很少见，
但这个圆盘
发出的声音非常好听！
乔喜欢收集黑胶唱片。

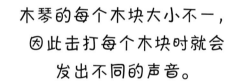

哦，不！
我弟弟又在敲鼓了！
他买了全套的
圆鼓和圆钹，
但是声音实在太吵了，
简直让人难以忍受！

木琴的每个木块大小不一，
因此击打每个木块时就会
发出不同的声音。

装上合适的长方体音响后，
声音就能传到大厅的
每个角落。
不信来听听！

运动中
的形状

各种形状的运动器具能滑动、旋转甚至飞起来！形状的特性让它们在许多运动中发挥了重要作用。以田径运动为例，你可以在椭圆形的跑道上奔跑，可以跳进长方形沙坑，还可以扔铅球、铁饼和标枪等。你最喜欢的运动里有哪些形状呢？

朱莉正绕着圆锥体转来转去学习轮滑。加油，你可以滑过去再滑回来的

吸气，呼气。在长方形瑜伽垫上能找回片刻的宁静，暂时忘掉烦恼。

在平衡木上练习很难。因为太窄，所以动作有一点点不完美，就有可能从长方形平衡木上跌落下来。

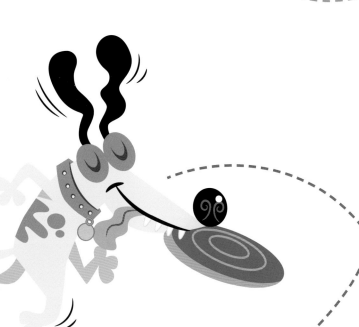

抓住旋转中的飞盘并不容易，但这对邻居家的狗菲利普而言，简直是小菜一碟。

我们要练习接棒，
这样才有机会在椭圆形
跑道上赢得接力赛。

多么完美的投掷！
铁饼居然还在空中飞，
感觉打破了世界纪录。

好球，卢克！
这一球可以撞倒
所有瓶子！

形状代表
荣誉和成就

尽管戴在胸前的徽章，得到的奖状、文凭等形状都不同，但都代表人们通过努力取得的荣誉和成就。这些是对参与体育运动或努力学习的奖励，它们来之不易，非常宝贵。

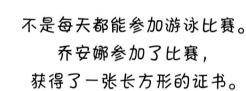

不是每天都能参加游泳比赛。
乔安娜参加了比赛，
获得了一张长方形的证书。

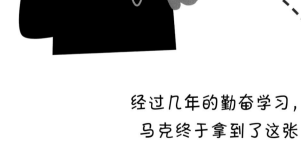

经过几年的勤奋学习，
马克终于拿到了这张
绑着红丝带的大学文凭！

汤姆这一跳无人能够超越，
他的金牌实至名归！
他会把这枚圆形奖牌摆在家里，
让每个人都能欣赏它。

理查德还没有获得
"保持安静"的圆形奖励贴纸。
你能试着一整天不说话吗？

你怎么认出警长的？
当然是看到了他的星形徽章！

祝萨姆生日快乐！
这个圆柱体形状的蛋糕真漂亮，
吹蜡烛吧！

所有箱子居然都能塞进电梯！
我还担心这个小小的长方体电梯装不下呢！

形状
帮助移动

你注意到了吗？滑梯、车轮、直升机桨叶等形状都有个共通点——能让物体或人移动。特殊形状的组合，加上地球的重力或空气作用，给人们带来了便利，也充满了乐趣！

快看，有鲨鱼！
通过鳍的形状就能认出它。
我得快点划。

幸亏漂流者造了一艘长方形木筏。
如果没有木筏，
他肯定逃不出小岛。

噢，不！
车胎被扎破了，
爸爸正在换备用车胎。

自行车运动员是如何毫不费力
地骑上山坡的？这是齿轮的功劳，
链条使用的齿轮越小，
爬坡就越容易。

滑梯是三角形的，
这样就很牢固，
也适合滑动！

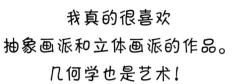
我真的很喜欢
抽象画派和立体画派的作品。
几何学也是艺术！

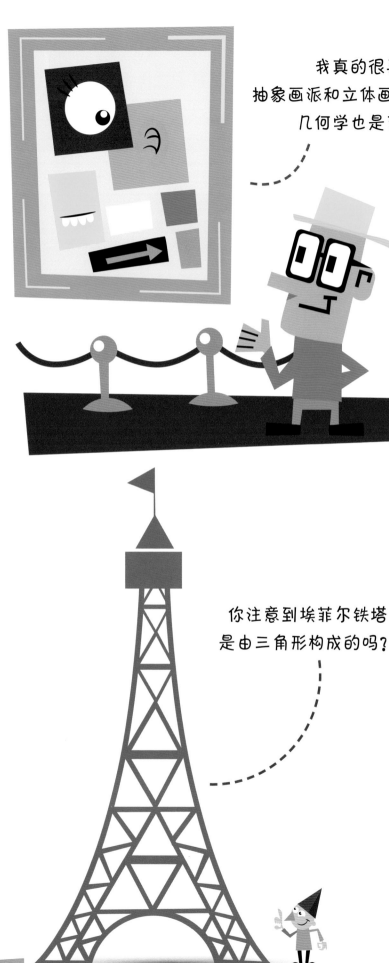

你注意到埃菲尔铁塔
是由三角形构成的吗？

艺术
中的形状

建筑和美术都需要创作者先观察周围的形状再进行描绘和组合，如果没有形状，许多建筑就不会存在。从古至今，形状被广泛应用于艺术，从古老的吉萨金字塔，到现代的视频技术，都离不开形状。你能根据所学的形状创作一件艺术品吗？

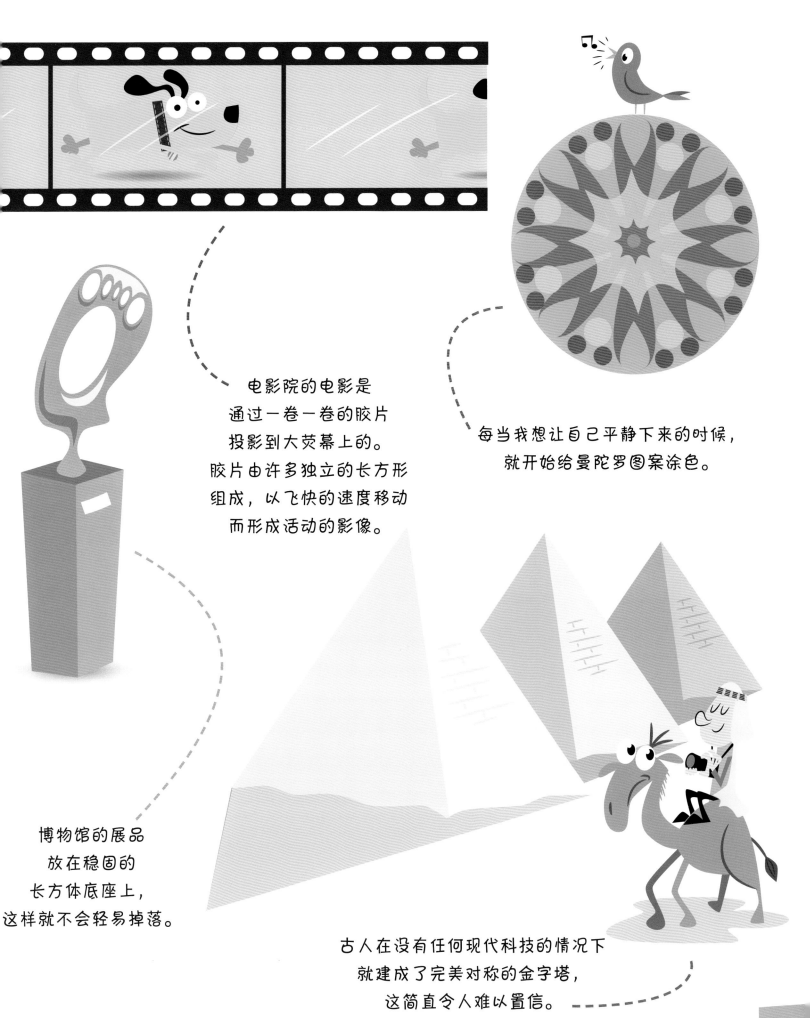

电影院的电影是
通过一卷一卷的胶片
投影到大荧幕上的。
胶片由许多独立的长方形
组成，以飞快的速度移动
而形成活动的影像。

每当我想让自己平静下来的时候，
就开始给曼陀罗图案涂色。

博物馆的展品
放在稳固的
长方体底座上，
这样就不会轻易掉落。

古人在没有任何现代科技的情况下
就建成了完美对称的金字塔，
这简直令人难以置信。

你能在图中找到哪些形状？
你知道这些形状的作用吗？

Look Around and Learn series: Shapes, Shapes Everywhere

© Designed by B4U Publishing, 2022

member of Albatros Media Group

Author: Lenka Chytilová

Illustrator: Gary Boller

www.albatrosmedia.eu

图书在版编目（CIP）数据

观察周围来学习：形状原来如此有趣 /（捷克）伦卡·奇蒂洛娃著；（英）加里·博勒绘；蔡江平译 .—南京：江苏凤凰科学技术出版社，2023.01

ISBN 978–7–5713–3285–3

Ⅰ.①观… Ⅱ.①伦… ②加… ③蔡… Ⅲ.①几何 – 儿童读物 Ⅳ.① O18-49

中国版本图书馆 CIP 数据核字（2022）第 214716 号

著作权合同登记号　图字：10–2022–471 号

凤凰汉竹

中国健康生活图书实力品牌

观察周围来学习：形状原来如此有趣

著　者	［捷克］伦卡·奇蒂洛娃	
绘　者	［英］加里·博勒	
译　者	蔡江平	
责 任 编 辑	刘玉锋　赵　呈	
特 邀 编 辑	陈　岑	
责 任 校 对	仲　敏	
责 任 监 制	刘文洋	

出 版 发 行	江苏凤凰科学技术出版社
出版社地址	南京市湖南路 1 号 A 楼，邮编：210009
出版社网址	http://www.pspress.cn
印　刷	南京新世纪联盟印务有限公司

开　本	889 mm × 1 194 mm　1/12
印　张	$3\frac{1}{3}$
插　页	4
字　数	80 000
版　次	2023 年 1 月第 1 版
印　次	2023 年 1 月第 1 次印刷

标 准 书 号	ISBN 978–7–5713–3285–3
定　价	50.00 元